我的职业养成指南

如何成为
宇航员

HOW
TO BE AN
ASTRONAUT
AND OTHER SPACE JOBS

[英]希拉·卡纳尼 文　[阿根廷]索尔·利内罗 图　钟虔虔 译

乐乐趣

陕西新华出版
陕西人民教育出版社
·西安·

对刚刚喜欢上太空的孩子来说，天空不是世界的尽头，而是起点！善待彼此吧，因为宇宙如此之大，而到目前为止，我们能找到的同类只有人类自己，所以，让我们好好享受生命，也帮助他人享受生命（感谢西蒙·N.里基茨）！

——希拉·卡纳尼

献给所有在孩提时代曾梦想成为宇航员的人……

——索尔·利内罗

著作权合同登记号：陕版出图字25-2020-001

© Text Copyright Sheila Kanani 2019
© Illustration Copyright Sol Linero 2019
Copyright licensed by Nosy Crow Ltd.

图书在版编目（CIP）数据

如何成为宇航员 / （英）希拉·卡纳尼文 ；
（阿根廷）索尔·利内罗图 ；钟虔虔译. — 西安：陕西
人民教育出版社，2020.6（2023.8重印）
（我的职业养成指南）
书名原文：How to be an astronaut and other
space jobs
ISBN 978-7-5450-7451-2

Ⅰ. ①如… Ⅱ. ①希… ②索… ③钟… Ⅲ. ①航天员
—青少年读物 Ⅳ. ①V527-49

中国版本图书馆CIP数据核字（2020）第057336号

如何成为宇航员 RUHE CHENGWEI YUHANGYUAN

［英］希拉·卡纳尼 文 ［阿根廷］索尔·利内罗 图 钟虔虔 译

图书策划 孙肇志 　　**编辑顾问** 袁秋乡
责任编辑 杨海燕 　　**特约编辑** 申习平 王 剑
美术编辑 张 睿 张曼卿
出版发行 陕西人民教育出版社
地址 西安市丈八五路58号（邮编 710077）
印刷 上海中华印刷有限公司
开本 889 mm×1 194 mm 1/16 **印张** 2
字数 10千字
版印次 2020年6月第1版　2023年8月第3次印刷
书号 ISBN 978-7-5450-7451-2
定价 58.00元

出品策划 荣信教育文化产业发展股份有限公司
网址 www.lelequ.com
电话 400-848-8788
乐乐趣品牌归荣信教育文化产业发展股份有限公司独家拥有
版权所有 翻印必究

目　录

太空是什么？

太空浩瀚无垠，它的广阔超出肉眼可见的范围，更超出人的想象。那么太空究竟是什么呢？

太空是指**距地球海平面100千米以上**的宇宙空间，它的起点高度是大部分飞机飞行高度的**10倍**。太空中漆黑、寂静，没有空气。但这里的一切都妙不可言，有行星与恒星，彗星与小行星，气体与尘埃等。

太阳

水星   **金星**   **地球**   **火星**

恒星是由核心燃烧的气体构成的球体。**太阳就是一颗恒星**，它可以满足地球上所有生物对太阳的生存需要。植物需要吸收太阳的能量才能生长，动物（包括人类）必须以这些植物为食，同时需要太阳提供的光和热。

你知道吗？

太空中恒星的数量比地球上所有沙子的数量还要多！

行星是由**岩石、气体、冰**或**这三者的混合物**构成的巨型球状天体。我们居住的地球就是一颗行星，它围绕着太阳运转。围绕太阳运转的天体都属于**太阳系**。

除了地球，太阳系的其他几大行星是**水星、金星、火星、木星、土星、天王星**和**海王星**，每颗行星都非常独特。我们还不曾发现这些行星上有任何生命存在。

木星　　　　　　**土星**　　　　　　**天王星**　　　　　　**海王星**

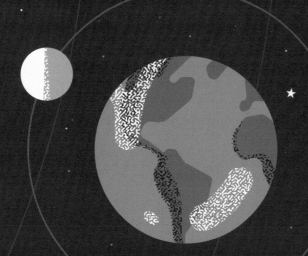

卫星是环绕行星运转的天体，**体积较小**。地球只有月球这1颗卫星，火星有2颗卫星，木星有70多颗卫星，而土星的卫星数量超过了80颗。

我们为何要探索太空？

探索者要寻找的东西不计其数，可能是新的星球，也可能是外星生命！

在太空中，与**太阳系**相似的**恒星系统**不计其数，在这些恒星系统中，行星也环绕恒星运动，这类行星被称为"**系外行星**"，它们都围绕在远离太阳的恒星周围。

有些天文学家致力于**寻找外星人**！不过目前还没有找到，但这并不意味着外星人不存在。也许是因为宇宙太大，很多区域我们还未探索；又或许是彼此间的交流方式不同，所以我们接收不到外星人发出的信号。

我们没有恶意！

?

在已知的所有行星中，只有地球上有智慧生命存在。通过探索太空，我们会意识到地球是多么独特，从而驱使我们更好地保护它。

太空探索行动**最重要**的意义在于：它促使我们更认真地对待地球上的生命，并深入思考地球的未来。

对太空的探索需要庞大的航天工业作为支撑，有许多领域的人在这一行业工作。

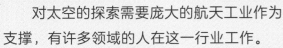

工程师　　科学家

医生　　厨师

当然，还有宇航员！

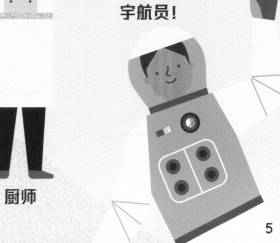

太空探索史

几千年来，人们一直非常好奇天上有些什么。因为无论我们在世界的哪个角落，都可以用肉眼看见太阳、月亮，还有一些其他行星与恒星。

阿格莱奥妮克是已知的第一位古希腊女天文学家。她可以预测月食，有时会被人称为女巫！

出生于德国的荷兰人汉斯·利伯希发明了第一架望远镜。

公元前200年一公元前100年	公元前753年一公元476年	499年	1608年	1609年一1630年

古罗马人将天空中7个明亮的天体命名为墨丘利（水星）、维纳斯（金星）、玛尔斯（火星）、朱庇特（木星）、萨图恩（土星）、阿波罗（太阳）和狄阿娜（月亮）。

伽利略等天文学家开始使用望远镜观察卫星、行星与恒星，他们使用的望远镜也越来越先进。

印度数学家和天文学家阿耶波多提出了有关引力的说法，以此来解释自转中的地球为何不会将物体甩出去。

你知道吗？

苏联宇航员有时也被称作"宇宙飞行员"。

苏联宇航员尤里·加加林乘坐飞船绕地球飞行一周，最后他借助降落伞着陆。几周后，美国宇航员艾伦·谢泼德也被送上了太空。

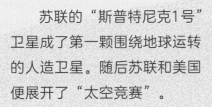

苏联的"斯普特尼克1号"卫星成了第一颗围绕地球运转的人造卫星。随后苏联和美国便展开了"太空竞赛"。

苏联的"斯普特尼克2号"卫星将一只名叫莱卡的小狗送上了太空。

苏联宇航员瓦莲京娜·捷列什科娃成为第一名进入太空的女性。

| 1940年—1949年 | 1957年 | 1959年 | 1961年 | 1963年 | 1969年 |

20世纪40年代起，人们开始将火箭运用于探索太空。

苏联卫星"月球2号"在月球表面硬着陆。

美国在"太空竞赛"中大获全胜，因为美国的太空飞船"阿波罗11号"将尼尔·阿姆斯特朗、巴兹·奥尔德林和迈克尔·科林斯送上了月球。

今天我们如何探索太空？

如今，航天技术的发展程度是我们在50年前无法想象的。

未来的**太空探索**将给下一代科学家和工程师提供无限可能。目前，人类已经制订了相关计划："访问"土星、木星等的卫星；探索天王星；向太空深处派遣探测器，寻找外星生命等。全世界的航天机构也打算继续将人类送上月球，**甚至火星**。

人造卫星可以完成**各式各样的工作**。有些可以从太空中观测地球上的天气以及气候的变化；有些可以统计某一特定区域的人口数量；有些则会飞到太阳系边缘观测遥远的天体，如冥王星和谷神星。

你知道吗？

在不久的将来，普通人或许也可以去太空中度假！

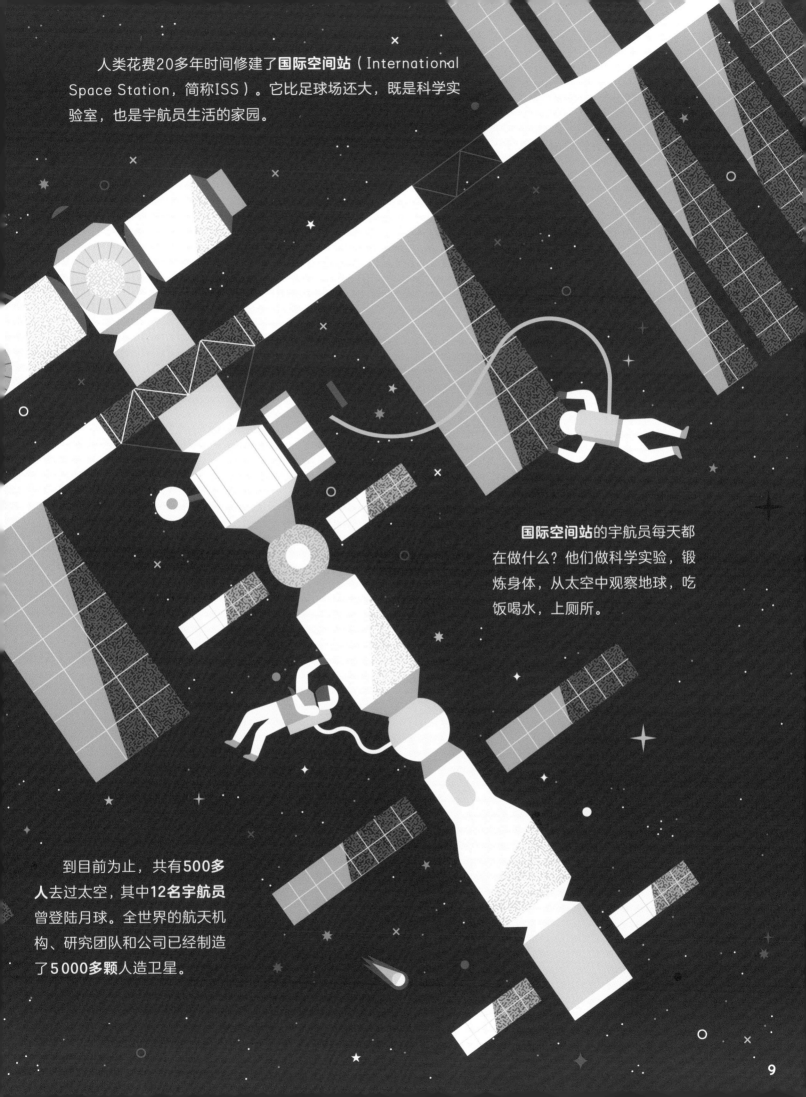

人类花费20多年时间修建了**国际空间站**（International Space Station，简称ISS）。它比足球场还大，既是科学实验室，也是宇航员生活的家园。

国际空间站的宇航员每天都在做什么？他们做科学实验，锻炼身体，从太空中观察地球，吃饭喝水，上厕所。

到目前为止，共有**500多人**去过太空，其中**12名宇航员**曾登陆月球。全世界的航天机构、研究团队和公司已经制造了**5 000多颗**人造卫星。

成为宇航员的条件

首先，你必须在**科学、工程或军事领域**工作三年以上。当过飞行员也算一个优势，但不是必不可少的条件，因为现在宇航员在宇宙飞船上需要从事不同的职业，有人是驾驶员，有人是科学家，还有人可能是医生。

其次，**语言能力**也很重要。大多数宇航员必须会说英语和俄语，这样才能跟团队里的其他宇航员交流。

Помоги нам это отремонтировать!
帮我们把它修好！

Yes, I can!
好，没问题！

有的航天机构还要求宇航员**的身高必须达到一定标准**。通常来说，你的身高必须在157厘米到190.5厘米之间，因为再高的话，宇宙飞船就容不下你了！

157厘米

190.5厘米

如果你想要成为宇航员或科学家，那么首先必须从大学毕业。你有几百个理科科目可以选，包括物理和医学等。

兴趣爱好也很重要。宇航员有各种各样不同的爱好，包括看书、弹吉他。

还有徒步旅行和长跑。

所以，如果你对科学感兴趣，喜欢运动，还有其他兴趣爱好，而且认为自己的团队合作能力不错，那么恭喜你，你有可能成为宇航员！但首先，你要接受大量训练……

宇航员要接受哪些训练?

接受基础培训有点儿像在学校上课。你要学习的知识涵盖了从航天史、电气工程到俄语、急救等**各个领域**。

你还必须学习有关国际空间站的所有知识,从航天器的导航与控制,到生命支持系统的运作情况与机器人技术。

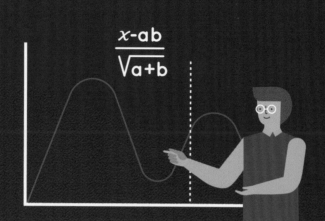

$$\frac{x-ab}{\sqrt{a+b}}$$

你还要接受心理测评。一名合格的宇航员必须具备良好的**记忆力**、**专注力**,掌握**解决问题的技巧**;还要善于**理解别人的感受**,不能轻易生气,也不能因为想家而影响情绪。

宇航员必须**体格健壮**、**身体健康**。为了提高机体对太空环境的适应能力,他们必须接受一些**特殊的训练**,比如**离心机训练**:宇航员坐在一个狭小的舱室中,然后离心机的金属手臂开始旋转,这让人感觉恶心难受。借此,宇航员可以体验火箭起飞、返回时的感受。

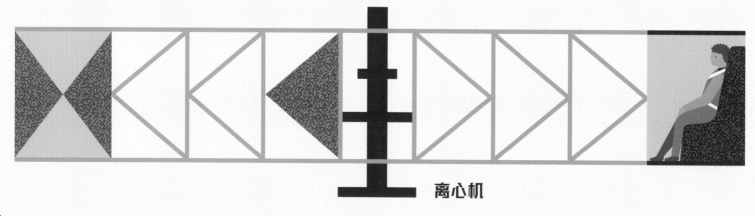

离心机

宇航员还必须适应微重力的环境。正是因为重力的存在，我们才站在地上，而不是飘浮在空中。但在太空中，宇航员处于失重状态，那是一种非常奇特的感觉。

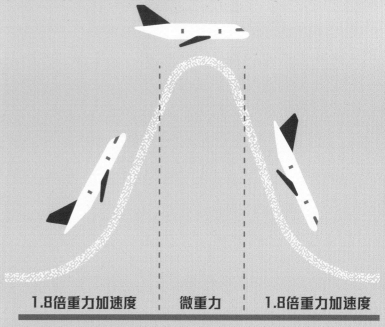

| 1.8倍重力加速度 | 微重力 | 1.8倍重力加速度 |

为了适应**微重力环境**，宇航员必须乘坐一种特殊的飞机（被称作"**呕吐彗星**"），这种飞机可以像过山车一样迅速上升和俯冲，让宇航员体验飘浮的感觉。

最后，宇航员还要针对各自特定的任务接受训练。他们要提前演练每一个将在太空中进行的实验，了解团队中其他两名宇航员。他们还要学习如何应对紧急情况，包括修理太空中的厕所！

你知道吗？
在深水处游泳的感觉和在太空中航行有点儿相似，所以宇航员通常会在一个巨大的水槽中学习用水肺潜水。

经过多年的训练，你终于可以进入太空了……

飞向太空的感觉如何？

宇航员搭乘**"联盟号"太空舱**进入太空、返回地球。太空舱的大小相当于一辆厢式货车，它被安置在一个巨型火箭的顶端。宇航员要从舱门爬进太空舱，坐在特制的座位上。

火箭上升时要加速，宇航员会感觉自身所受的重力变大了。那种感觉有点儿像坐过山车，又像冲浪，或者用加拿大宇航员克里斯·哈德菲尔德的话说，就像一只大猩猩使劲压着你，然后又从悬崖上把你抛下去！

5分钟后，火箭将与太空舱完成分离；再过4分钟，宇航员就会产生失重的感觉。

太空舱抵达国际空间站后必须停靠在相应位置，宇航员便可以进入国际空间站，与已经抵达的其他三名常驻宇航员见面，完成"**对接**"。

国际空间站围绕地球高速运转，但上面的宇航员感觉不到他们在移动。实际情况是，他们处于失重状态，身体是悬浮的。

你知道吗？

宇航员的头盔内侧贴有一块特殊的维可牢尼龙搭扣，他们的鼻子发痒时，就可以在它上面蹭一蹭。

在国际空间站围绕地球运转期间，宇航员可能需要到空间站外活动，这被称作"**太空行走**"，有时是为了在舱外做科学实验，有时是为了维修空间站。

维可牢尼龙搭扣

离开航天器时，宇航员必须穿上航天服，打开气闸舱的舱门，还要用一条粗绳将自己和工具拴在主航天器上，这样才不会越飘越远。

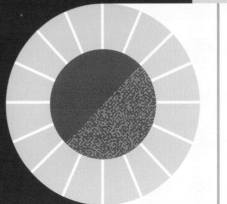

在空间站需要做什么?

宇航员要在太空中做实验。他们会试着种一些植物,观察动物在太空中的反应,还要给自己做身体检查。

宇航员吃的是**经过脱水处理或被特殊包装起来的食品。**他们用玉米饼代替面包,以免面包屑飘浮在空中引发设备故障。

国际空间站浓缩咖啡机

在空间站可以食用番茄酱,但不能有盐和胡椒,因为它们的颗粒会飘浮在空中。

空间站**没有冰箱**,但宇航员可以用烤箱加热食物。

宇航员**不能洗澡**，因为水珠也会飘浮到空中。不过他们可以用湿布擦身体，并且用**干洗洗发露**洗头。

刷牙的时候，他们把水从一个小袋子里挤进嘴里，刷完牙后还要把牙膏沫吞进肚子。

空间站的**厕所**跟真空吸尘器有点儿类似：宇航员要对准一个开口大小便，排泄物会被吸进一根管子里。尿液经过回收处理将成为饮用水，**大便则被冷冻处理后丢弃**。大便在穿过地球大气层时会燃烧起来，有时人们会误以为那是流星！

宇航员**每天必须锻炼2小时**，因为微重力的环境会导致身体机能下降。

宇航员要钻进**睡袋**里睡觉，他们用眼罩遮挡光线。睡袋被固定在墙上，以免宇航员飘走。

登上月球的感觉如何？

到目前为止，只有12名宇航员登上过月球，这些宇航员都是男性。
随着越来越多的人有机会进入太空，希望这一局面会有所改变。

在月球上行走时，宇航员要穿**带尿布的太空服**，
因为他们要在上面停留好几个小时。

太空服很笨重，所以你很难屈膝或低头看自己的脚。
由于月球上的重力比地球上的小，你行走的时候会显得笨
手笨脚，最后会像一只兔子似的一路跳跃。这也意味着在
月球上，你可以**跳得更高，把球踢得更远！**

1969年，尼尔·阿姆斯特朗和巴兹·奥尔德林
在月球上插了一面美国国旗，这面美国国旗现在仍在
那里。后来，宇航员还在月球上留下了其他东西，包
括照相机和高尔夫球。

月球上没有天气系统，也就没有风。这意味着
20世纪60年代宇航员留下的脚印一直留到了现在。

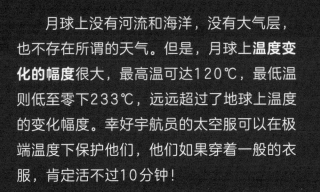

月球上没有河流和海洋，没有大气层，也不存在所谓的天气。但是，月球上**温度变化的幅度**很大，最高温可达120℃，最低温则低至零下233℃，远远超过了地球上温度的变化幅度。幸好宇航员的太空服可以在极端温度下保护他们，他们如果穿着一般的衣服，肯定活不过10分钟！

你知道吗？
月球上没有风，所以美国国旗上装有金属丝，以确保旗帜处于展开状态。

如何返回地球？

一旦任务完成，宇航员就要穿上太空服，乘坐"联盟号"太空舱返回地球。

"联盟号"太空舱既没有机翼也没有轮子，所以不能像飞机那样降落在地球表面。接近地面时，太空舱会打开降落伞，并点燃小型火箭引擎，从而减缓下降速度。太空舱在着陆过程中会不停颠簸，它既有可能落在陆地上，也有可能落在大海里。宇航员会觉得他们有点儿像待在洗衣机里！

运行轨道

大气层

进入大气层

通信中断

哈萨克斯坦 着陆区

宇航员已经在太空的微重力环境中生活了**6个月**，每天都处于飘浮状态，所以刚返回地球时会感觉身体十分沉重，没办法站立或走路。这时，医疗团队要把他们扶到椅子上坐着。他们的身体可能需要几个月才能恢复正常。

即便离开了太空返回地球，宇航员也要继续工作。他们接受访问，和公众见面，还会去学校给孩子们讲课。

你知道吗？
从地球去空间站需要6个小时，但从空间站返回地球只要3个半小时！

返回地球的宇航员要么继续接受训练，为将来的任务做准备，要么为目前的项目提供支持，比如和太空中的宇航员交谈，或者在游泳池里帮助其他宇航员练习太空行走。

他们还要研究在太空中收集的数据，或者在地球上做实验。当然，他们必须保持体格健壮、身体健康，这样才能执行下一个太空任务。

和太空有关的工作

每个飞往国际空间站的宇航员背后都有几百个人在为他辛勤工作。这些人具体在做什么呢？

太空服设计师必须了解每个宇航员的身材特点以及他们将要执行的任务，从而设计出适合他们每个人的太空服。太空服必须让宇航员感觉舒适，还要保持适当的温度，并提供足够宇航员呼吸的氧气。

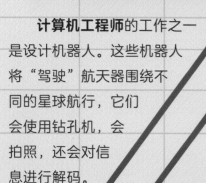

计算机工程师的工作之一是设计机器人。这些机器人将"驾驶"航天器围绕不同的星球航行，它们会使用钻孔机，会拍照，还会对信息进行解码。

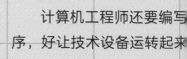

计算机工程师还要编写序，好让技术设备运转起来

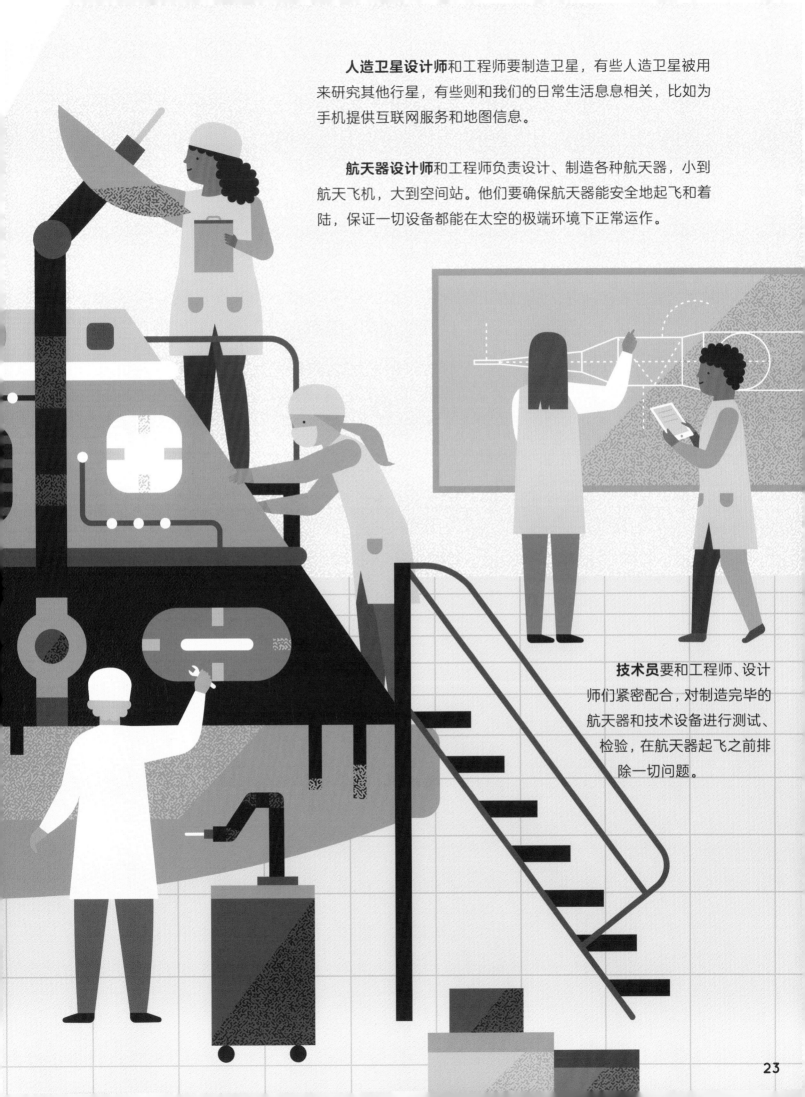

人造卫星设计师和工程师要制造卫星，有些人造卫星被用来研究其他行星，有些则和我们的日常生活息息相关，比如为手机提供互联网服务和地图信息。

航天器设计师和工程师负责设计、制造各种航天器，小到航天飞机，大到空间站。他们要确保航天器能安全地起飞和着陆，保证一切设备都能在太空的极端环境下正常运作。

技术员要和工程师、设计师们紧密配合，对制造完毕的航天器和技术设备进行测试、检验，在航天器起飞之前排除一切问题。

任务控制中心

从通信员到数学家，许多领域的专家都在任务控制中心工作。他们要确认宇航员处于安全、良好的状态，要追踪航天器飞到何处，还要确保火箭能顺利发射。

飞行指挥员是整个团队的负责人，有时他们必须迅速做出一些重要决定来确保宇航员的人身安全。

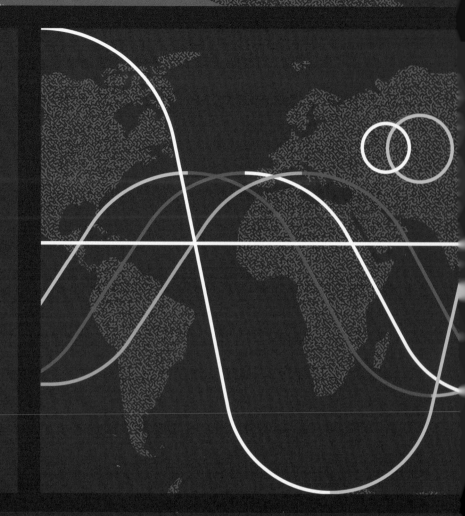

飞行指挥员

飞行活动管理员

地面控制人员

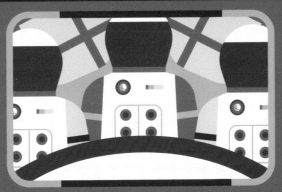

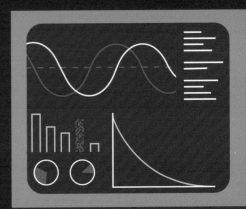

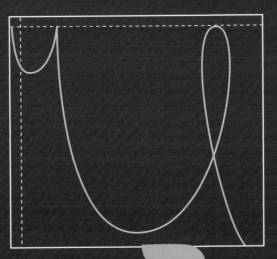

太空舱通信员的工作是直接和宇航员交谈。某些情况下，太空舱通信员不止一名，因为他们必须工作很长时间。太空舱通信员通常由暂时留在地面上的宇航员担任。

飞行活动管理员负责为宇航员规划程、制订实验计划与作息时间表。

太空医生负责在任务执行过程中监测宇航员的身体情况，确保他们状态良好。

太空医生

太空舱通信员1号

太空舱通信员2号

太空科学家

有许多来自各个领域的科学工作者从事航天工作，包括在太空中利用机器促使晶体生长的化学家，还有研究人类大脑、分析想法和情绪的心理治疗师。

行星科学家主要研究太阳系中的天体。

环绕土星运行了近14年的"卡西尼号"空间探测器，拍摄照片并收集和土星相关的数据，然后将其发送回地球供研究者使用。

系外行星探测器负责寻找系外行星。目前我们已确认超过4 000颗系外行星，但未知的系外行星不计其数。

太空天气风险管理员负责观测太空中的"天气"情况，然后尽可能分析出这些情况会对地球上的人类和技术设备产生的影响。

磁场

地球

带电粒子

太空天气是指太阳及其释放的能量造成地球周围太空环境发生改变的现象。这种变化曾经导致好几个国家停电，通信中断，影响人造卫星的运转。

天体生物学家奔赴地球上偏远的地区，如冰岛、亚马孙河流域热带雨林等地考察，研究极端环境中的植物和动物。

其他不寻常的工作

有些专家会向普通大众宣传太空知识。他们组织工作坊，举办活动和讲座，让人们更多地了解太空。

太空法律师专门负责法律层面的工作。他们的职责通常是起草两个航天机构之间的协议，并解答各种涉及权利和义务的问题。比如："月球上矿石的所有者是谁？""如果两颗人造卫星在太空中相撞，谁是过错方？"等。

如果你喜欢销售，可以成为**航天器销售员**。为了在可能的范围内以最佳价格售出产品，他们必须具备说服客户的能力。

你也可以成为**太空保险商**，为人造卫星提供保险。

电影导演如果要撰写以太空为背景的电影剧本，一般会聘请一些航天科学家当顾问，避免出现知识硬伤。

还有**媒体官员**，他们教宇航员如何接受采访，或替宇航员管理社交平台。

如果你热爱食物，或许可以成为一名**太空厨师**。太空厨师必须把食物做得既美味可口，又能在微重力环境中被宇航员安全地吃进肚子（切记不能产生任何碎屑！），还可以长时间保存。

像炒蛋、汤和炖菜这样的食品必须接受脱水处理。当这些食品抵达国际空间站后，宇航员可以将沸水注入包装袋中，给食品"复水"。

你知道吗？
在太空中，你的味觉将不如原来灵敏，所以厨师必须把食品做得很有味道。

加入我们吧！

如果你想进一步了解和太空有关的工作，或者想加入航天事业，
那么你可以采取以下这些行动：

你可以加入当地的天文学会，成为某个航天组织的一员，去航天学校学习，
参加全国各地乃至国外的航天营；你或许还可以组建一个属于自己的天文学小组！
在最开始，你需要的仅仅是热情和好奇心，当然最好还有一片晴朗的天空！

以下这些组织和网站可能对你有帮助：

中国太空网 www.taikongmedia.com

中国国家天文科学数据中心 nadc.china-vo.org

牧夫天文论坛 bbs.imufu.cn

有趣天文奇观 interesting-sky.china-vo.org

英国皇家天文学会 www.ras.ac.uk

航空航天港 www.9ifly.cn/portal.php

航天类职业测试 www.destinationspace.uk/meet-space-crew/find-your-role-space-crew

欧洲航天局 www.esa.int/esaKIDSen

美国国家航空航天局 www.nasa.gov/kidsclub/index.html

业余天文爱好者团体：

夜空中国 nightchina.net

天文学会联合会 www.fedastro.org.uk/fas

大众天文学会 www.popastro.com/main_spa1/youngstargazers